# Ein Handbuch oder eine einfache Methode zur Bewirtschaftung von Bienen

John M. Weeks

**Writat**

Diese Ausgabe erschien im Jahr 2023

ISBN: 9789359254050

Herausgegeben von
Writat
E-Mail: info@writat.com

# Inhalt

# VORWORT.

Dem Verfasser der folgenden Seiten scheint es, dass ein Werk dieser Art in unserem Land dringend benötigt wird.

Die Züchtung der Biene ( *Apis Mellifica* ) wurde in den meisten Teilen der Vereinigten Staaten zu lange vernachlässigt.

Diese allgemeine Vernachlässigung ist zweifellos darauf zurückzuführen, dass der europäische Feind der Bienen, die sogenannte Motte, in dieses Land eingedrungen ist und sich hier angesiedelt und eingebürgert hat; und hat unter den Bienen so viel Schaden angerichtet, dass viele Bezirke ihren Anbau vollständig aufgegeben haben. Viele Bienenzüchter und Männer mit den höchsten literarischen Fähigkeiten und der höchsten Erfahrung haben ihre Geduld fast erschöpft, als sie die eigentümliche Natur und die Gewohnheiten dieses Insekts untersuchten. und haben verschiedene Experimente durchgeführt, um Mittel zur Verhinderung seiner Plünderungen zu finden. Aber nach all dem, was getan wurde, geht der Spielverderber ohne große Belästigung weiter, und nur sehr wenige unserer Bürger sind bereit, sich auf das Unternehmen einzulassen , dieses nützlichste und profitabelste aller Insekten, die Honigbiene, zu züchten.

Das folgende Werk besteht aus einer Reihe einfacher, prägnanter Regeln, nach denen, wenn sie strikt befolgt und praktiziert werden , jede Person in geeigneter Lage Bienen züchten und alle Vorteile ihrer Arbeit nutzen kann.

Wenn der Bienenhalter sich strikt an die folgenden Regeln hält, ist der Autor zuversichtlich, dass kein Bienenvolk jemals erheblich unter der Motte leiden oder jemals von ihr zerstört werden wird.

Dem Autor sind die zahlreichen zu diesem Thema veröffentlichten Abhandlungen bekannt; Aber sie scheinen ihm größtenteils nicht so sehr das Ergebnis von Erfahrung, sondern von vagen und mutmaßlichen Spekulationen zu sein und nicht ausreichend zu verkörpern, was praktisch und nützlich ist.

Diese Arbeit ist als Ergänzung zum Vermont-Bienenstock gedacht und wird sich als Ergebnis von Beobachtung und Erfahrung erweisen. Es wird davon ausgegangen, dass sie alles enthält, was für die Ausbildung eines geschickten Imkers erforderlich ist.

DER AUTOR.

# REGEL I.

## Über den Bau eines Bienenstocks.

Ein Bienenstock sollte aus stabilen Brettern bestehen, die frei von Erschütterungen und Rissen sind; Außerdem sollte es innen und außen glatt gehobelt, fachmännisch gefertigt und außen lackiert sein.

BEMERKUNGEN.

Dass ein Bienenstock perfekt gemacht sein sollte, um Licht und Luft auszuschließen, geht aus der Tatsache hervor, dass die Bienen das zu Ende bringen, was der Arbeiter versäumt hat, indem sie alle vorhandenen Risse und Spalten oder schlechten Fugen verputzen vom Schreiner offen gelassen. Die Substanz, die sie zu diesem Zweck verwenden, ist weder Honig noch Wachs, sondern eine Art Leim oder Zement aus eigener Herstellung und wird von den Bienen verwendet, um alle unvollkommenen Fugen auszufüllen und alles Licht und Luft auszuschließen . Dieser Zement oder Leim ist für das Wachstum der Motte in den ersten Stadien ihrer Existenz sehr geeignet.

Die Mottenmüllerin dringt im Allgemeinen nachts in den Bienenstock ein, macht mit ihrem Stachel einen Schnitt in den Leim oder Zement und hinterlässt ihre Eier im Leim, wo dieser vor den Bienen geschützt bleibt; es wird durch das Holz an seinen Seiten geschützt. Während also eine Made ( *Larve* ) die Motte den Zement als Nahrung verwendet, bis sie einen so weiten Reifezustand erreicht, dass sie in der Lage ist, ein Netz zu spinnen, was in den Anmerkungen zu Regel 10 ausführlicher erläutert wird.

Die Größe eines Bienenstocks sollte den strengsten wirtschaftlichen Regeln entsprechen und an die besondere Natur und Wirtschaftlichkeit der Honigbiene angepasst sein, damit sie für ihren Besitzer profitabel ist.

Die untere Kammer des Bienenstocks, in der sie ihre Nahrung aufbewahren, ihre jungen Bienen aufziehen und ihre gewöhnliche Arbeit verrichten, sollte so viel Platz wie eine Kiste mit einer Fläche von 13 Zoll und einem halben oder 14 Zoll im Quadrat haben.

Wenn der Bienenstock viel größer ist als der oben beschriebene, mit der entsprechenden Kammer, die etwa zwei Drittel so viel fassen sollte wie die untere Wohnung, ist es unwahrscheinlich, dass die Bienen während der Saison ausschwärmen.

Bienen in großen Bienenstöcken schwärmen nie; und diejenigen in Bienenstöcken, die viel kleiner sind als die bereits beschriebenen, tun nichts anderes, als junge Bienen aufzuziehen und eine ausreichende Menge an

Nahrung anzulegen, um sie für den kommenden Winter zu versorgen, und sind eher anfällig für Raub.

Alle Bienenstöcke, die schwärmen, neigen dazu, zu stark zu schwärmen und die Zahl ihrer Völker so gering zu halten, dass sie erheblich geschädigt werden. Dies ist häufig die Ursache für ihre Zerstörung durch die Motte, was in den Bemerkungen zu Regel 2 ausführlicher erläutert wird.

Der Wechsler des Bienenstocks sollte vollkommen dicht sein, um jegliches Licht aus den Schubladen auszuschließen.

Schubladen sollten für alle Zwecke klein sein wie Nr. 2, mit Ausnahme derjenigen, die zur Vermehrung von Kolonien und zum Übertragen verwendet werden, die immer groß wie Nr. 1 sein sollten.

Bienenstöcke sollten an ihren Seiten Ausleger haben, die sie in einiger Entfernung vom Boden des Bienenhauses in der Luft schweben lassen, um die Bienen besser vor der Zerstörung durch Mäuse, Reptilien und anderes Ungeziefer zu schützen.

Die Rückseite oder Rückseite der unteren Kammer des Bienenstocks sollte nach vorne geneigt sein, um sie unten schmaler zu machen, damit die Waben besser vor dem Herunterfallen geschützt sind, wenn sie durch Frost Risse bekommen oder bei heißem Wetter fast schmelzen.

Es sollten keine Hölzer oder Bretter in unmittelbarer Nähe der Unterkante des Bienenstocks platziert werden, da dies das Eindringen von Räubern erleichtert. Dass die Rückseite nach vorne geneigt sein sollte, geht aus der Tatsache hervor, dass Bienen im Allgemeinen eine Kante ihrer Waben auf dieser Seite ablegen und nach vorne hin so bauen, dass sie auf derselben Ebene landen, auf der sie ihre Vorräte ablegen wollen , wenn sie den Bienenstock zum ersten Mal betreten, ohne dass sie zu unnötigen Schritten gezwungen werden.

Der Boden des Bienenstocks sollte von hinten nach vorne abfallen, um den Bienen die größtmögliche Erleichterung zu bieten, ihre Behausung von allen schädlichen Substanzen zu befreien und das Wasser, das durch den Atem und den Dampf der Bienen entsteht, abfließen zu lassen in kaltem Wasser abspülen. Es hilft den Bienen auch sehr dabei, das Eindringen von Räubern zu verhindern.

Das Bodenbrett sollte mit Klammern und Haken in der Nähe jeder Ecke des Bienenstocks so aufgehängt werden, dass den Bienen auf allen Seiten ein freier Ein- und Ausstieg ermöglicht wird, sodass sie ihre Behausung besser von den Motten fernhalten können .

Am unteren Rand der Rückseite des Bienenstocks sollte ein Knopf angebracht sein, damit der Bienenhalter das Bodenbrett so steuern kann, dass ihm die nötige Luft zugeführt wird, oder der Bienenstock nach Belieben geschlossen werden kann.

Der Bienenstock sollte aus zwei Stöcken bestehen, die in gleichen Abständen von vorne nach hinten angeordnet sind und auf der Rückseite aufliegen, wobei eine Schraube durch die Vorderseite in das Ende des Stocks geschraubt wird, die ihn an seinem Platz hält, und ein Ventilator an der Oberseite der unteren Kammer des Bienenstocks, um den Dampf abzulassen, der im Winter häufig zum Tod der Bienen durch Erfrieren führt.

Aussparungen derselben an den Türpfosten passt , so dass kein Licht durch die Fenster der Schubladen dringt und auch die kleinen Ameisen nicht eindringen können. Es sollte auch an Stangen aufgehängt oder mit einer Stange befestigt werden, die vertikal über die Mitte der Tür verläuft und an jedem Ende durch Klammern begrenzt wird. Es sollten drei Blechschlitten vorhanden sein, von denen einer fast so breit wie die Kammer und ein bis zwei Zoll länger als die Kammerlänge sein sollte. Die anderen beiden sollten die gleiche Länge wie das erste haben und nur halb so breit sein.

Alle Bienenstöcke und alle ihre Anhänge sollten im selben Bienenstand genau die gleiche Größe und Form haben. Der Aufwand, Bienenvölker auszugleichen, ist weitaus geringer als der Aufwand, Bienenstöcke an Schwärme anzupassen. Wenn der Imker Bienenstöcke und Schubladen unterschiedlicher Größe verwendet, kommt es zu großer Verwirrung und manchmal zu ernsthaften Schwierigkeiten. Aber dieser Teil des Themas wird im Rahmen seiner angemessenen Regeln ausführlicher besprochen.

# REGEL II.

## ÜBER SCHWARMEN UND HIVING.

Der Bienenhalter oder Bienenbesitzer sollte seine Bienenstöcke bereithalten und an ihrem Platz im Bienenhaus haben, wobei die Schubladen in ihren Kammern mit dem Boden nach oben gerichtet sein sollten, um ein Eindringen zu verhindern.

Wenn ein Schwarm hervorkommt und sich niedergelassen hat, schneiden Sie gegebenenfalls den Ast ab – schütteln Sie ihn vorsichtig, um die Bienen loszuwerden, und lassen Sie sie vorsichtig auf den Tisch, das Brett oder den Boden fallen (je nach Fall). Platzieren Sie den Bienenstock darüber, bevor viele Bienen in die Luft steigen , und achten Sie dabei darauf, einen oder mehrere Stöcke so zu platzieren, dass der Bienenstock angehoben wird, damit die Bienen schnell ein- und aussteigen können. Wenn die Bienen bei der Übernahme ihrer neuen Behausung zögern, stören Sie sie, indem Sie sie mit einem Gänsefederkiel oder einem anderen nicht harten Instrument bürsten, und sie werden bald eindringen. Falls es für notwendig erachtet wird, den Bienenstock umzudrehen, um die Bienen aufzunehmen (was aufgrund der Art und Weise, wie sie abgesetzt werden, häufig vorkommt), dann befestigen Sie zunächst die Schubladen am Boden, indem Sie ein Taschentuch oder etwas darüber einlegen. Drehen Sie nun den Bienenstock um und schütteln oder bürsten Sie die Bienen hinein. Drehen Sie es nun vorsichtig nach rechts und legen Sie es auf den Tisch oder an einen anderen Ort. Beachten Sie dabei die oben genannte Regel.

### BEMERKUNGEN.

Bienen schwärmen an einem schönen Tag von neun Uhr morgens bis drei Uhr nachmittags, wobei die Jahreszeit je nach Klima unterschiedlich ist. In Vermont wimmelt es im Allgemeinen von Mitte Mai bis zum 15. Juli; in den späten Jahreszeiten etwas später. Ich habe erlebt, dass sie bereits um sieben Uhr morgens und erst um vier Uhr nachmittags schwärmen. Ich habe auch erlebt, dass sie hervorkamen, wenn es so stark regnete, dass es sie beinahe besiegte, indem es viele zu Boden schlug, die wahrscheinlich aus ihrer Kolonie verloren gegangen waren; und am 16. August kam einmal ein Schwarm hervor.

Erfahrung und Beobachtung haben gelehrt, dass die Königin zuerst den alten Bestand verlässt und ihre Kolonie schnell folgt. Sie fliegen etwa ein paar Minuten, scheinbar in größter Verwirrung, bis der Schwarm den Bienenstock weitgehend verlassen hat. Dann lassen sie sich im Allgemeinen auf dem Ast eines Baumes, Strauchs oder Busches oder an einem anderen Ort nieder, an dem sie sich unweit des alten Bestands zu einem Haufen zusammenschließen können, und treffen ihre Vorbereitungen für eine Reise zu einer neuen Behausung. Vielleicht weiß nicht einer von tausend Schwärmen, wohin sie gehen, bis sie den alten Bestand verlassen, sich niedergelassen und sich zu einem kompakten Körper oder Haufen geformt haben; Und zwar erst dann, wenn sie eine Botschaft losgeschickt haben, um einen Ort für ihren künftigen Wohnsitz zu finden. Wenn nun die Bienen sofort nach dem Absetzen in einen Bienenstock gesteckt werden, bevor sie ihre Botschaft losschicken, um eine neue Behausung zu suchen, werden sie niemals wegfliegen, vorausgesetzt, sie haben genügend Platz (denn es ist Platzmangel, der sie im ersten Moment zum Schwärmen bringt). Ort) und ihr Bienenstock ist frei von allem , was sie beleidigen könnte.

Der alte Brauch, Bienenstöcke mit Salz, Wasser und anderen Substanzen zu waschen, um ihnen einen angenehmen Ausfluss zu verleihen , sollte schnellstmöglich abgeschafft werden. In einen Bienenstock sollten niemals nur Bienen gesteckt werden.

Wenn Bienen sterben, sollte der Bienenstock von seinem Inhalt befreit und sauber gekratzt werden, und die Kammer sollte mit einem in klarem Wasser angefeuchteten Tuch abgerieben werden ; Stellen Sie es dann an seinen Platz im Bienenhaus und lassen Sie es dort stehen, bis es gebraucht wird. Ein so vorbereiteter alter Bienenstock ist für die Aufnahme eines Schwarms genauso gut geeignet wie ein neuer. Der Imker sollte vor der Verwendung prüfen, ob der Bienenstock frei von Spinnen und Spinnweben ist.

Wenn Bienen nicht unmittelbar nach dem Zusammenballen zu einem Bienenstock in den Bienenstock gebracht werden, sollten sie, sobald sie in den Bienenstock gebracht werden können, zum Bienenstand oder mehrere Stäbe von der Stelle entfernt werden, an der sie sich niedergelassen haben, um zu verhindern, dass sie bei der Rückkehr der Bienen gefunden werden Botschaft. Seitdem ich so geübt habe , habe ich noch nie einen Schwarm durch die Flucht verloren.

Die Erfahrung hat gezeigt, dass es am besten ist, den neuen Schwarm unmittelbar nach dem Bienenstock an den Ort zu bringen, an dem er während der Saison stehen soll. Durch eine schnelle Entfernung gehen weniger Bienen verloren, als wenn man sie bis zum Abend stehen lässt, weil sie Gewohnheitstiere sind und sich jeden Augenblick an ihrem Standort festsetzen. Es verhindert auch, dass sie bei ihrer Rückkehr von der Botschaft gefunden werden. Je länger die Bienen am Standort bleiben, desto größer ist die Zahl der Bienen, die bei der Entfernung verloren gehen . Aber mehr davon im Folgenden.

Wenn Bienen in Schubladen gesammelt werden, um Bienenvölker auszugleichen, zu verdoppeln usw., sollte man ihnen erlauben, bis zum

Abend zu stehen, bevor sie sich vereinigen, da dies für sie eine günstigere Zeit ist, um sich nach und nach miteinander vertraut zu machen. und der Duft der Bienen in der unteren Wohnung dringt nachts so stark durch die Öffnungen ein, dass der eigentümliche Geruch der beiden Völker ein größeres Maß an Gleichheit aufweist, was ihre Feindseligkeit beseitigt, falls sie zufällig welche haben.

Während des Schwärmens oder Bienenstockens sollte es niemals zu Verwirrungen oder Geräuschen kommen, die für die Bienen ungewöhnlich sind. Die einzige Wirkung von Lärm, Glockengeläut usw. , die ich jemals entdecken konnte, bestand darin, sie feindseliger und unkontrollierbarer zu machen.

Wenn Bienen gemäß ihrer wahren Natur behandelt werden, sind sie manchmal feindselig, was zwei Ursachen hat: Erstens liegen einige von ihnen vor dem Schwärmen außerhalb des Bienenstocks, und einige von ihnen werden aufgrund ihrer Verwirrung beim Schwärmen nicht benachrichtigt von der Absicht der Königin, den alten Bestand zu verlassen und eine neue Behausung zu suchen, und sie machen sich mit dem Schwarm auf den Weg, ohne ihre Säcke mit Vorräten zu füllen, was sie immer gereizter macht, als wenn ihre Mägen mit Essen gefüllt sind .

Der Vermont-Bienenstock besitzt in dieser und anderen Hinsicht Vorteile, die dem alten Kasten weit überlegen sind. Anstatt sich wie in der alten Kiste vor dem Schwärmen auszubreiten, gehen sie in die Schubladen und sind ständig damit beschäftigt, die köstlichen Früchte ihrer Arbeit aufzubewahren; und da sie im Bienenstock sind, wo sie alle Bewegungen der Königin hören und beobachten können, gehen sie gut versorgt mit Proviant hinaus, das den besonderen Erfordernissen des Falles entspricht; was normalerweise alle Gefühle der Feindseligkeit verhindert.

Der zweite Grund, warum Bienen manchmal reizbar sind und dazu neigen, zu stechen, wenn sie schwärmen, liegt darin, dass die Luft ihnen abhält, sei es kalt oder nicht, und sie so an ihrer entschlossenen Auswanderung hindert. In allen solchen Fällen sollte der Bienenhalter mit einem Schleier aus Millinet oder einer leichten Decke ausgestattet sein, die über seinem Hut getragen und so tief herabgelassen werden kann, dass er sein Gesicht und seine Brust bedeckt, und so befestigt werden kann, dass um ihr Stechen zu verhindern. Er sollte außerdem ein Paar dicke Wollhandschuhe oder -strümpfe über seine Hände ziehen, um diese ohne die geringste Gefahr bewältigen zu können.

Für einen Bienenschwarm genügt ein sauberer Bienenstock mit sorgfältiger und humaner Behandlung.

Eine Bienentraube sollte niemals geschüttelt oder erschüttert werden, nur um sie von dem Ast oder Ort zu lösen, an dem sie gesammelt werden, und sie sollten auch nicht weit fallen, weil ihre Säcke beim Schwärmen voll sind, was sie sowohl ungeschickt als auch ungeschickt macht harmlos und harte Behandlung macht sie reizbar und unkontrollierbar.

Ich kenne keine Regel, anhand derer der genaue Tag ihres ersten Schwarms mit Sicherheit ermittelt werden kann. Der Imker wird zu gegebener Zeit anhand der Anzahl der Bienen im und um den Bienenstock herum abschätzen, da es dort sehr voll werden wird.

Der Tag des zweiten Schwärmens und aller weiteren Schwärme in derselben Jahreszeit lässt sich mit Sicherheit wie folgt vorhersagen: Hören Sie am Abend in der Nähe des Bienenstockeingangs. Kommt am nächsten Tag ein Schwarm zum Vorschein, ist in kurzen Abständen ein Alarmsignal der Königin zu hören. Der gleiche Alarm kann am nächsten Morgen zu hören sein. Der Beobachter hört im Allgemeinen zwei Königinnen gleichzeitig im selben Bienenstock, eine viel lauter als die andere. Diejenige, die am wenigsten Lärm macht, ist noch in ihrer Zelle und in ihrer Minderheit. Der von den Königinnen abgegebene Ton ist eigenartig und unterscheidet sich wesentlich von dem jeder anderen Biene. Es besteht aus einer Reihe monotoner Töne in schneller Folge, ähnlich denen, die die Schlammwespe ausstößt, wenn sie ihren Mörser bearbeitet und ihn mit ihren Zellen verbindet, um Wespen aufzuziehen. Wenn das Wetter in diesem besonderen Stadium doch zwei oder drei Tage lang ungünstig für ihr Schwärmen ist, ist es unwahrscheinlich, dass sie in derselben Jahreszeit erneut ausschwärmen.

Es gibt zwei Gründe, und zwar nur zwei, warum Bienen überhaupt schwärmen. Das erste ist der Platzmangel und das zweite, die Schlacht der Königinnen zu vermeiden. Es stimmt tatsächlich, dass es Ausnahmen gibt . Vielleicht kommt einer von hundert Schwärmen hervor, bevor sein Bienenstock mit Waben gefüllt ist; aber aufgrund meiner fast vierzigjährigen Erfahrung in ihrer Kultivierung habe ich nie einen Fall gesehen, bei dem der Bienenstock beim ersten Schwarm nicht voller Bienen gewesen wäre. Wenn Bienen vom alten Bestand zum Baum wandern, ohne sich niederzulassen, liegen sie außerhalb des Bienenstocks, bevor sie ausschwärmen, und die Botschaft wird ausgesandt, bevor der Schwarm den alten Bestand verlässt. Wenn der erste Schwarm hervorkommt, bleiben Eier, junge Brut oder beides in den Waben zurück, aber keine Königin; denn die alte Königin zieht immer mit dem Schwarm aus und lässt den alten Bestand völlig mittellos zurück. Keine einzige Königin, egal in welcher Minderheitsstufe, verbleibt im Bienenstock. Den Bienen fehlen sehr bald die Mittel zur Fortpflanzung ihrer Art (denn die Königin ist das einzige Weibchen im Bienenstock) und sie machen sich sofort an die Arbeit, mehrere königliche Zellen zu errichten (wahrscheinlich, um sich des Erfolgs sicherer zu fühlen). Nehmen Sie eine

Made ( *Larve* ) aus der Zelle eines gewöhnlichen Arbeiters, legen Sie sie in die neu errichtete königliche Zelle, füttern Sie sie mit Gelée Royale und in ein paar Tagen sind sie eine Königin. Da die Eier nun in etwa drei Würfen pro Woche abgelegt werden, nehmen die Bienen, um bei ihrem Vorhaben noch sicherer zu sein , Maden unterschiedlichen Alters, so dass, wenn mehr als eine Königin schlüpft, eine älter ist als die andere Andere. Diese Tatsache ist der Grund dafür, dass man mehr als eine Königin gleichzeitig hört, denn die eine kommt als perfekte Fliege heraus, während die andere eine Nymphe oder etwas jünger ist und die Zelle, in der sie aufgezogen wurde, noch nicht verlassen hat; und doch reagieren beide auf den Alarm des anderen, der Jüngste schwächer als der Ältere.

Bienen schwärmen nur einmal in derselben Saison, es sei denn, sie bilden unmittelbar nach dem Abzug des ersten Schwarms mehr als eine Königin. und nicht dann, wenn die Bienen der ältesten Königin erlauben, mit der Zelle in Kontakt zu kommen, in der die Jungen heranwachsen. Königinnen hegen untereinander die tödlichste Feindseligkeit und greifen einander an, sobald sich die Gelegenheit dazu bietet. Die alte Königin wird sogar alle Wiegen oder Zellen, in denen junge heranwachsen, in Stücke reißen und alle Puppenköniginnen im Bienenstock zerstören.


Wenn das Wetter für das Schwärmen ungünstig wird, kann es sein, dass die älteste Königin am nächsten Tag, nachdem der Alarm der Königin gehört wurde, mehrere Tage lang mit den anderen in Kontakt kommt oder Zugang zu ihren Zellen erhält; In beiden Fällen wird das Leben eines von ihnen durch das andere zerstört, und es ist unwahrscheinlich, dass die Kolonie in derselben Jahreszeit einen weiteren Schwarm aussendet. Wenn es der alten Königin gelingt, der jüngeren das Leben zu nehmen, oder *umgekehrt* , werden die verbleibenden Nymphen wahrscheinlich das gleiche Schicksal wie ihre Märtyrerschwestern teilen, durch die Hand der amtierenden Königin, die alle anderen im selben Bienenstock berücksichtigt ihre Konkurrenten.

Zweite Schwärme wären genauso groß und zahlreich wie alle anderen, wenn sie nicht hervorkämen, um der Schlacht der Königinnen zu entgehen. Bienen sind sehr hartnäckig, wenn es darum geht, das Leben ihrer Herrscher zu bewahren, insbesondere das Leben ihrer eigenen Aufzucht; und wenn sie feststellen, dass sie mehr als einen im Bienenstock haben, werden sie jeden so stark bewachen, dass sie, wenn möglich, verhindern, dass sie in die Reichweite des anderen gelangen. Dass sie so stark bewacht wurden, um den Kampf zu verhindern , ist zweifellos der Grund dafür, dass sie Alarm gegeben haben, wie im vorherigen Artikel beschrieben. Das Wissen um die Existenz einer anderen Königin im selben Bienenstock löst in ihnen größtes Unbehagen und Zorn aus; und als die Älteste beim Versuch, Zugang zu ihrer

Konkurrentin zu erlangen, geschlagen wird, macht sie sich auf den Weg mit allen, die es für richtig halten, ihr zu folgen, und sucht nach einer neuen Behausung.

Bienen schwärmen nur einmal in der Saison, wenn die zweite nicht innerhalb von siebzehn Tagen nach dem Abgang der ersten schlüpft, es sei denn, sie schwärmen aus Platzmangel; in diesem Fall ist vor dem Schwärmen keine Königin zu hören.

Die Schubladen sollten umgedreht werden, damit die Bienen hineingelassen werden, sobald sie ihre Waben fast bis zum Boden des Bienenstocks gebaut haben. Wenn der Schwarm so groß ist, dass die untere Wohnung nicht alle aufnehmen kann, sollten sie zum Zeitpunkt des Bienenstocks in eine oder beide Schubladen gelassen werden; andernfalls könnten sie aus Platzmangel verschwinden. Bienen sollten im Frühjahr in die Schubladen gelassen werden, sobald Blüten zu sehen sind.

# REGEL III.

## ZUR BELÜFTUNG DES HIVE.

Stellen Sie die Bodenplatte und den Ventilator nach Belieben mit dem Knopf oder auf andere Weise ein, um ihnen je nach Bedarf mehr oder weniger Luft zu geben.

## BEMERKUNGEN.

Bienen benötigen mehr Luft als jemals zuvor, um die Hitze des Sommers und die Härte des Winters zu überstehen. Wenn sie in der Kälte draußen gehalten werden, brauchen sie im Winter genauso viel Luft wie in der Hitze des Sommers. Nur bei milden Temperaturen ist es sicher, sie von der reinen Luft fernzuhalten. Wenn sie in einer trockenen Sandbank unter Frost stehen, scheinen sie während des ganzen Winters kaum mehr zu benötigen, als zum Zeitpunkt ihrer Bestattung in ihrem Bienenstock enthalten ist. Wenn es in einem sauberen, trockenen Keller aufbewahrt wird und das Maul so zusammengezogen ist, dass es Mäuse fernhält, gibt es ihnen genug. Wenn sie jedoch im Bienenstand gehalten werden, sollte ein langsamer Luftstrom vorhanden sein, der durch den Ventilator ständig unten einströmt und oben wieder abströmt.

# REGEL IV.

## ÜBER DIE VERHÜTUNG VON RAUBVERHÄLTNISSEN.

In dem Moment, in dem beobachtet wird, dass Räuber sich innerhalb oder um den Bienenstock aufhalten, heben Sie das Bodenbrett so nahe an den Rand des Bienenstocks an, dass das Ein- oder Austreten der Bienen verhindert wird, und verschließen Sie den Mund oder den gemeinsamen Eingang und den Ventilator. Achten Sie gleichzeitig darauf, dass an allen Seiten des Bienenstocks ein kleiner Raum frei bleibt, damit die Tiere ausreichend Luft haben, die sie benötigen. Öffnen Sie den Mund nur abends und schließen Sie ihn frühmorgens, bevor die Räuber ihren Angriff wiederholen.

### BEMERKUNGEN.

Bienen haben eine besondere Neigung, sich gegenseitig auszurauben, und der Züchter sollte alle notwendigen Vorsichtsmaßnahmen ergreifen, um dies zu verhindern. Familien im selben Bienenstand neigen eher dazu, sich auf dieses illegale Unternehmen einzulassen als alle anderen, wahrscheinlich weil sie so nahe beieinander liegen, und sie lernen eher ihre relative Stärke kennen. Ich konnte nie eine Intimität zwischen den Bienenvölkern desselben Bienenhauses entdecken, außer wenn sie auf derselben Bank standen ; und dann scheint der gesamte soziale Verkehr nur zwischen den nächsten Nachbarn zu bestehen.

Es ist unwahrscheinlich, dass Bienen Kriege führen und sich gegenseitig ausrauben, außer im Frühling und Herbst und zu anderen Jahreszeiten, wenn die Nahrungsaufnahme aus den Blüten nicht einfach ist.

Bienen rauben im Frühjahr nicht oft, es sei denn, es handelt sich um Bienenstöcke, deren Waben durch Frost oder auf andere Weise zerbrochen sind, so dass der Honig auf das Bodenbrett tropft. Der Imker sollte große Sorgfalt walten lassen, um dafür zu sorgen, dass alle derartigen Bienenstöcke ordnungsgemäß belüftet und gleichzeitig so verschlossen sind, dass das Eindringen von Räubern während des Tages verhindert wird, bis sie die Lücke repariert haben um zu verhindern, dass der Honig fließt.

Solange sie in Gewahrsam gehalten werden, sollte ihnen täglich klares Wasser gegeben werden.

Ich habe erlebt, dass viele gute Vorräte im Frühjahr durch Raub verloren gingen; und das alles aus Mangel an Pflege. Bienen berauben sich gegenseitig, wenn sie nichts anderes zu tun finden; Sie rauben jederzeit , wenn der Frost die Blumen zerstört hat oder das Wetter so kalt ist, dass sie keinen Honig von ihnen sammeln können . Kaltes, kühles Wetter verhindert, dass die Blüten Honig ohne Frost liefern, wie es im Sommer 1835 vielerorts der Fall war.

Bienen brauchen zu jeder Zeit, wenn sie rauben, nur wenig Luft, und doch brauchen sie mehr, wenn sie durch Zwangsmaßnahmen eingesperrt werden, als sonst. Wenn ihnen die Freiheit entzogen wird, werden sie schnell unruhig und bemühen sich nach besten Kräften, aus dem Bienenstock herauszukommen – daher ist es wichtig, rund um den Boden einen kleinen Raum freizulassen, um Luft hereinzulassen und zu verhindern, dass sie einschmelzen.

# REGEL V.

## Über den Ausgleich von Kolonien.

Bieten Sie einen Schwarm in der unteren Wohnung des Bienenstocks an. Sammeln Sie einen weiteren Schwarm in einer Schublade und legen Sie ihn in die Kammer des Bienenstocks, in der sich der erste befindet. Wenn die Schwärme dann klein sind, sammeln Sie einen weiteren kleinen Schwarm in einer anderen Schublade und legen Sie ihn in die Kammer des Bienenstocks, in der sich der erste befindet, neben dem zweiten. Falls sich alle Bienen aus einer der Schubladen versammeln und mit dem ersten Schwarm nach unten gehen und die Schublade leer lassen, kann sie entfernt und ein weiterer kleiner Schwarm auf die gleiche Weise hinzugefügt werden.

### BEMERKUNGEN.

Für jeden Bienenzüchter ist es von größter Bedeutung, dass alle seine Völker hinsichtlich Anzahl und Stärke möglichst gleich groß sind. Jeder erfahrene Imker muss sich darüber im Klaren sein, dass kleine Schwärme für ihren Besitzer nur geringen Nutzen bringen. Im Allgemeinen sind sie ein paar Tage nach dem Einschlagen verschwunden; niemand kann ihre Spuren verfolgen: Einige nehmen an, sie seien in den Wald geflohen – andere, dass sie ausgeraubt wurden: aber schließlich kann niemand welche zurückgeben zufriedenstellende Darstellung davon. Es sind nur noch einige Wabenstücke übrig, und vielleicht vervollständigen unzählige Würmer und Müller das Ganze. Dann soll die Motte ihr Zerstörer sein, aber die wahre Geschichte des Falles ist im Allgemeinen folgende: Die Bienen werden entmutigt oder entmutigt, weil ihnen die Zahl fehlt, um ihr Volk zu bilden, sie verlassen ihre Behausung, schließen sich mit ihren nächsten Nachbarn zusammen und gehen ihre Kämme den gnadenlosen Raubzügen der Motte. Manchmal werden sie von ihren angrenzenden Bienenstöcken geplündert, und dann fressen oder zerstören die Motten den Rest.

Zweite Schwärme sind im Allgemeinen etwa halb so groß wie die ersten und dritte Schwärme halb so groß wie zweite.

Wenn nun die zweiten Schwärme verdoppelt werden, so dass sie zahlenmäßig der ersten gleichkommen, nutzt der Besitzer den Vorteil einer starken Kolonie, die wahrscheinlich nicht aus Mangel an Zahl entmutigt wird oder von Räubern stärkerer Völker überwältigt wird Kolonien.

Es ist für den Bienenbesitzer weitaus weniger mühsam und kostengünstiger, seine Völker anzugleichen, als Bienenstöcke und Kisten unterschiedlicher Größe so vorzubereiten, dass sie in die Völker passen.

Wenn Kolonien und Bienenstöcke so ähnlich wie möglich gestaltet werden, werden viele Übel vermieden und viele Vorteile realisiert: Jeder Bienenstock findet seinen Platz im Bienenhaus – jede Schublade ein Bienenstock, und jedes Bodenbrett und jede Rutsche kann auf jeden Fall ohne verwendet werden Fehler.

Schwärme können jederzeit verdoppelt werden, bevor sie sich so positionieren, dass sie ihre frühere Feindseligkeit wieder aufnehmen, was erst nach drei oder vier Tagen entdeckt wird. Den Bienen steht ein Reservoir oder Sack zur Verfügung, in dem sie ihre Vorräte transportieren können. und wenn sie ausschwärmen, gehen sie beladen mit Proviant, das für ihre Notlage geeignet ist, was ihnen alle Feindseligkeit gegeneinander nimmt; und bis diese Säcke geleert sind, sind sie nicht leicht zu ärgern, und da sie gezwungen sind, Waben zu bauen, bevor sie sie leeren können, bleibt ihr Inhalt mehrere Tage lang erhalten. Ich habe mich alle zwei Wochen im Schwärmen verdoppelt, mit vollem Erfolg. Die Operation sollte innerhalb von zwei bis drei Tagen, spätestens jedoch vier Tagen, durchgeführt werden. Je früher es durchgeführt wird, desto weniger gefährlich ist das Experiment.

Als allgemeine Regel gilt, dass nur Zweitschwärme verdoppelt werden sollten. Dem dritten und vierten Schwarm sollte gemäß Regel 10 stets die Königin abgenommen und die Bienen in den Elternbestand zurückgeführt werden.

# REGEL VI.

## ZUM ENTFERNEN VON HONIG.

Führen Sie einen Schieber so weit unter die Schublade ein, dass jegliche Verbindung zwischen der unteren Wohnung und der Schublade unterbrochen wird. Fügen Sie zwischen der ersten Folie und der Schublade eine weitere Folie ein. Ziehen Sie nun die Schachtel mit dem Honig heraus, mit dem Schieber daneben. Stellen Sie die Schublade auf die Fensterseite, etwas entfernt vom Bienenhaus, und entfernen Sie den Schieber. Füllen Sie nun die Stelle der so entfernten Schublade mit einer leeren aus und ziehen Sie die erste eingelegte Schublade heraus.

## BEMERKUNGEN.

Bei der Durchführung dieses Vorgangs ist Vorsicht geboten. Die Öffnungen durch den Boden in die Kammer müssen während des Vorgangs durch die Schieber verschlossen bleiben, damit die Bienen beim Herausziehen der Kiste nicht in die Kammer stürmen. Der Bediener muss außerdem darauf achten, dass die Eingänge in die Schublade mit dem Schieber abgedeckt bleiben, so dass das Entweichen der Bienen verhindert wird, es sei denn, er ist bereit, sich von ihnen stechen zu lassen.


Wenn den Bienen bei sehr warmem Wetter gestattet wird, die Kammer zu betreten, werden sie diese wahrscheinlich behalten und dort Waben bauen, die den Bienenstock in einen Bienenstock verwandeln, der nicht besser ist als eine altmodische Kiste.

Mir ist es am besten gelungen, Honig mit der folgenden Methode zu entfernen, und zwar : – Schließen Sie die Jalousien, um einen der Räume im Wohnhaus zu verdunkeln – heben Sie einen Fensterflügel hoch – tragen Sie dann die Schublade und stellen Sie ihn hinein Stellen Sie es auf einen Tisch oder stellen Sie es am Fenster auf das Licht- oder Glasende, mit den Öffnungen zum Licht hin. Entfernen Sie nun die Rutsche und treten Sie sofort wieder in den dunklen Teil des Raumes. Die Bienen werden bald ihren wahren Zustand erfahren und nach und nach die Schublade verlassen und zum Elternbestand zurückkehren. So überlassen Sie die Schublade und ihren Inhalt ihrem Besitzer. Allerdings nicht, bevor sie jeden Tropfen des fließenden Honigs ausgesaugt haben, falls sich überhaupt ein Tropfen finden sollte, was nicht oft der Fall ist, wenn ihre Arbeit beendet ist.

Es gibt zwei Fälle, in denen die Bienen eine gewisse Zurückhaltung beim Verlassen der Schublade zeigen. Das erste ist, wenn die Waben in einem unfertigen Zustand sind – einige der Zellen sind nicht versiegelt. Die Bienen haben den großen Wunsch, dort zu bleiben, wahrscheinlich um ihre Vorräte vor Räubern zu schützen, indem sie Kappen an den unbedeckten Zellen anbringen, um das Ausströmen des Honigs zu verhindern, der für Räuber immer die größte Versuchung darstellt.

Bienen zeigen die größte Zurückhaltung beim Verlassen der Schublade, wenn junge Brut darin entnommen wird, was nie vorkommt, außer in solchen Schubladen, die im Winter oder frühen Frühling zum Füttern verwendet wurden. Wenn die Königin in allen leeren Zellen darunter Eier abgelegt hat, geht sie manchmal in die Schubladen; und wenn leere Zellen gefunden werden, legt sie auch dort Eier ab. In jedem Fall ist es besser, die Schublade zurückzugeben, da diese in wenigen Tagen von ihnen perfekt gemacht wird.

Besondere Sorgfalt ist bei der Lagerung von Honigkisten erforderlich, wenn sie der Obhut und dem Schutz der Bienen entzogen werden, um den Honig vor Insekten zu schützen, die große Liebhaber davon sind , insbesondere Ameisen. Eine vollkommen dicht gemachte Truhe ist ein guter Vorratsraum.

Wenn der Honig in den Schubladen für den Winter aufbewahrt werden soll, sollte er in einem so warmen Raum aufbewahrt werden, dass er nicht gefriert. Der Frost lässt die Waben platzen und der Honig tropft, sobald warmes Wetter einsetzt. Zur Aufbewahrung oder zum Transport zum Markt sollten Schubladen mit der Öffnung nach oben verpackt werden. Alle Imker , die mit ihren Bienen den größten Gewinn erzielen möchten, sollten den Honig entfernen, sobald die Schubladen gefüllt sind , und ihre Plätze mit leeren füllen. Die Bienen beginnen ihre Arbeit in einer leeren, gefüllten Kiste früher als alle anderen.

---

# REGEL VII.

## Die Methode, Schwärme dazu zu zwingen, zusätzliche Königinnen für ihren Bienenzüchter oder Besitzer zu machen und zu behalten.

Nehmen Sie eine Schublade mit Bienen und Brutwaben und stellen Sie diese in die Kammer eines leeren Bienenstocks. Achten Sie darauf, den Eingang des Bienenstocks zu verschließen und ihnen drei oder vier Tage lang täglich sauberes Wasser zu geben. Dann öffne die Öffnung des Bienenstocks und gib ihnen die Freiheit. Der Bediener muss bei der Nutzung der Rutschen Regel 6 beachten.

BEMERKUNGEN.

Der Wohlstand jeder Kolonie hängt ganz vom Zustand der Königin ab, wenn die Jahreszeit für sie günstig ist.

Jeder Bienenzüchter sollte seine Natur in dieser Hinsicht verstehen, damit er bereit ist, ihnen eine andere Königin zu liefern, wenn sie mittellos werden.

Die Entdeckung der Tatsache, dass Bienen die Macht haben, die Larve einer Arbeiterin *in* die einer Königin zu verwandeln, wird Bonner zugeschrieben. Aber meines Wissens sind weder Bonner noch der unermüdliche Huber oder irgendein anderer Schriftsteller bei der Veranschaulichung dieser Entdeckung so weit gegangen, dass sie für den einfachen Menschen praktikabel und einfach wäre, von ihren Vorteilen zu profitieren.

Der Bienenstock in Vermont ist meines Wissens nach der einzige Bienenstock, in dem Bienen dazu gezwungen werden können, zusätzliche Königinnen für den Gebrauch ihres Besitzers zu machen und zu behalten, ohne dass es bei der Durchführung des Experiments zu großen Schwierigkeiten oder Gefahren durch Stiche kommt.

Die Idee, ihre königliche Hoheit zu erhöhen und sie auf den Thron einer Kolonie zu erheben und zu etablieren, mag von manchen als völlig visionär und vergeblich angesehen werden; aber ich versichere dem Leser, dass es einfacher ist, als beschrieben werden kann. Ich habe sie beide aufgezogen und immer wieder mittellose Schwärme versorgt.

Wenn die Schublade mit den Bienen und der Brutwabe entfernt wird, stellen die Bienen bald fest, dass sie kein Weibchen mehr haben, und machen sich sofort an die Arbeit, eine oder mehrere königliche Zellen zu errichten. Wenn sie fertig sind, was normalerweise innerhalb von 48 Stunden der Fall ist, entfernen sie eine Made ( *Larve* ) aus der Zelle der Arbeiterin, legen sie in die neu geschaffene Zelle der Königin, füttern sie mit der Art von Nahrung, die nur für Königinnen bestimmt ist, und In acht bis sechzehn Tagen haben sie eine perfekte Königin.

Sobald die Bienen die Larve sicher in der neu geschaffenen Königszelle abgelegt haben, dürfen die Bienen ihre Freiheit haben. Ihre Bindung an ihre junge Brut und ihre Treue zu ihrer Königin , in jedem Stadium ihrer Minderjährigkeit, ist so groß, dass sie sie niemals verlassen oder im Stich lassen und alle ihre gewöhnlichen Arbeiten mit so viel Regelmäßigkeit fortsetzen werden, als ob sie eine hätten perfekte Königin.

Bei der Herstellung von Königinnen in kleinen Kästen oder Schubladen wird der Eigentümer nicht durch das Schwärmen derselben in der gleichen Saison, in der sie hergestellt werden, beunruhigt. Es sind so wenige Bienen in der Schublade, dass sie nicht in der Lage sind, die Nymphenköniginnen, falls es welche gibt, davor zu schützen, von der Ältesten oder derjenigen, die als erste aus ihrer Zelle entkommt, zerstört zu werden.

Als ich die Schublade untersuchte, in der ich eine zusätzliche Königin aufzog, fand ich nicht nur die Königin, sondern auch zwei königliche Zellen, von denen eine in perfektem Zustand war; der andere wurde verstümmelt, wahrscheinlich von der Königin, die zuerst herauskam. Da es nun so wenige Bienen gibt, die die Nymphen bewachen, wäre es für die älteste Königin nicht sehr schwierig, sich Zutritt zu den Zellen zu verschaffen und alle kleineren Königinnen in der Schublade zu vernichten.

Wenn eine Schublade in einen leeren Bienenstock gebracht wird, um eine zusätzliche Königin zu erhalten, sollte sie in einiger Entfernung vom Bienenhaus platziert werden, um besser zu verhindern, dass sie von anderen Schwärmen ausgeraubt wird. Wenn es weit von anderen Kolonien entfernt ist, ist es nicht so wahrscheinlich, dass sie seine relative Stärke erfahren. Es besteht jedoch nur eine geringe Gefahr, dass es geraubt wird, bis die Bienen nicht mehr in Gefahr sind, ihre Königin zu verlieren, was im Allgemeinen in der Schwarmsaison der Fall ist.

Die Königin geht manchmal verloren, weil die junge Brut zu weit fortgeschritten war, als die alte Königin mit ihrem Schwarm abreiste. Wenn die Maden schon fast in den Ruhe- oder Puppenzustand vorgedrungen wären, bevor die Bienen erkannt hätten, dass sie eine Königin brauchen, und die alte Königin es versäumt hätte, Eier zu hinterlassen, was manchmal der Fall ist, dann wäre es für die Bienen unmöglich, ihre Natur zu ändern , und die Kolonie wäre verloren, wenn sie nicht mit einer anderen versorgt würde.

# REGEL VIII.

## Über die Versorgung von Schwärmen, denen eine Königin fehlt, mit einer anderen.

Nehmen Sie die Lade aus dem Bienenstock, die gemäß Regel 7 dort aufgestellt wurde, und stecken Sie diese in die Kammer des zu versorgenden Bienenstocks; Beachtung von Regel 6 bei der Nutzung der Folien.

BEMERKUNGEN.

Kolonien ohne Königin können mit einer anderen ausgestattet werden, sobald sich herausstellt, dass sie keine haben. was nur durch ihre Handlungen bekannt ist.

Wenn Bienen ihres weiblichen Herrschers beraubt werden, stellen sie ihre Arbeit ein; an ihren Beinen sind weder Pollen noch Bienenbrot zu sehen; kein Ehrgeiz scheint ihre Bewegungen anzutreiben; es werden keine toten Bienen herausgezogen; Es werden keine deformierten Bienen in den verschiedenen Stadien ihrer Minderheit herausgezogen, aus ihren Zellen gezerrt und um den Bienenstock herum abgeworfen, wie es bei allen gesunden und wohlhabenden Völkern üblich ist.

laufen, wenn sie auf der Bank neben anderen Schwärmen stehen, ohne den geringsten Widerstand in den angrenzenden Bienenstock. Sie werden ihre Auswanderung beginnen, indem sie in wirren Gruppen von Hunderten von ihrer Behausung zum nächsten angrenzenden Bienenstock rennen. Sie drehen sich sofort um und rennen wieder nach Hause, und so fahren sie, manchmal mehrere Tage lang, in größter Verwirrung fort, ständig den Bienenstock ihres Nachbarn aufzufüllen, indem sie dessen Kolonie vergrößern, und gleichzeitig ihre eigene Kolonie zu verkleinern, bis kein einziger mehr da ist einzelner Insasse ist gegangen; Und so bemerkenswert es auch ist, sie überlassen jeden Teil ihrer Vorräte ihrem Besitzer oder den Raubzügen der Motte.

Kolonien verlieren ihre Königinnen während der Schwarmsaison häufiger als in jeder anderen Jahreszeit.

Im Sommer 1830 verlor ich drei gute Bienenbestände infolge des Verlusts ihrer Königinnen, von denen eine kurz nach dem ersten Schwarm verloren ging – die beiden anderen nicht viele Tage nach dem zweiten Schwarm –, die alle ähnliche Verhaltensweisen zeigten. und endete mit den gleichen Ergebnissen, die in den Bemerkungen zu Regel 10 genauer erläutert werden.

Die Königin geht manchmal verloren, wenn sie mit einem Schwarm auszieht, weil sie zu schwach ist, um mit ihrer jungen Kolonie zu fliegen; In diesem Fall kehren die Bienen innerhalb weniger Minuten zu ihrem Elternbestand zurück. Tatsächlich sind alle Vorkommnisse dieser Art auf die Unfähigkeit der Königin zurückzuführen. Kehrt sie zum alten Bestand zurück, kommt der Schwarm bei günstigem Wetter am nächsten Tag wieder heraus. Wenn die Königin zu schwach ist, um zurückzukehren, und der Bienenhalter es versäumt, nach ihr zu suchen und sie wieder in ihre Kolonie zurückzubringen (was er tun sollte), werden die Bienen nicht wieder ausschwärmen, bis sie eine neue gemacht haben oder versorgt werden. was sofort geschehen kann, indem man ihnen eine Ersatzkönigin gibt. Ich habe es mit vollem Erfolg getan und bin bei dem Experiment nie gescheitert.

Wenn sich die Königin im Gewimmel verirrt, ist sie leicht zu finden, es sei denn, der Wind ist so stark, dass er sie über eine beträchtliche Entfernung hinwegweht. Bei ihr sind immer ein paar Bienen zu finden, die ihr wahrscheinlich als Hilfsmittel dienen und dem Imker sehr dabei helfen, sie aufzuspüren. Wenn ihre Kraft nachlässt, findet man sie häufig in Bodennähe, auf einem Grashalm , am Zaun oder an jedem Ort, an dem sie am bequemsten absteigen kann. Ich war einmal ziemlich lange auf der Suche nach Ihrer Majestät, ohne großen Erfolg. Zur gleichen Zeit flogen ein Dutzend oder mehr gewöhnliche Arbeiter um mich herum. Schließlich wurde ihre königliche Hoheit entdeckt , verborgen in einer Falte meines Hemdärmels. Anschließend habe ich sie in ihre Kolonie zurückgebracht, die bereits den Weg nach Hause zum Elternbestand gefunden hatte.

Die Königin kann ohne Gefahr in die Hand genommen werden, denn sie sticht nie absichtlich, außer im Konflikt mit einer anderen Königin; und doch hat sie einen Stachel, der mindestens ein Drittel länger, aber schwächer als der eines Arbeiters ist.

Die Königin ist an ihrer besonderen Form, Größe und Bewegung bekannt. Sie unterscheidet sich farblich kaum von einer Arbeiterin und hat die gleiche Anzahl an Beinen und Flügeln. Sie ist viel größer als alle Bienen. Ihr Bauch ist sehr groß und perfekt rund und hat eher die Form eines Zuckerhuts, wodurch sie dem Betrachter sofort auffällt, wenn sie gesehen wird. Ihre Flügel und ihr Rüssel sind kurz. Ihre Bewegungen sind stattlich und majestätisch. Nach Ablauf der Brutsaison ist sie deutlich kleiner. Sie kann zu jeder Jahreszeit von jedem , der sie oft gesehen hat, leicht aus einem Schwarm ausgewählt werden.

# REGEL IX.

## Über die Vermehrung von Kolonien in jedem wünschenswerten Ausmaß, ohne dass sie ausschwärmen.

Zu diesem Zweck sollte immer die große Schublade Nr. 1 verwendet werden. Legen Sie Objektträger wie in Regel 6 ein und entfernen Sie die Schublade mit Bienen und Brutwaben. Legen Sie dasselbe in die Kammer eines leeren Bienenstocks. Verschließen Sie die Eingänge sowohl der neuen als auch der alten Bienenstöcke und achten Sie darauf, ihnen Luft zu geben, wie in Regel 4 beschrieben. Geben Sie täglich drei oder vier Tage lang sauberes Wasser. Nun lassen Sie den Bienen in beiden Bienenstöcken ihre Freiheit.

## BEMERKUNGEN.

Dieser Vorgang ist sowohl praktikabel als auch einfach und von größter Bedeutung für alle Züchter, die die Notwendigkeit vermeiden möchten, sie in Bienenstöcken aufzustellen, wenn sie ausschwärmen; und doch wird es das Schwärmen nicht verhindern, außer in dem Teil der geteilten Kolonie , in dem sich die Königin zum Zeitpunkt ihrer Trennung befand. Der andere Teil, der gezwungen ist, eine weitere Königin zu machen (und sie machen im Allgemeinen zwei oder mehr), wird wahrscheinlich ausschwärmen, um ihrem Kampf zu entgehen, wie in den Bemerkungen zu Regel 2 erklärt. Der Bienenstock, in dem sich die alte Königin befindet, kann aus Platzmangel ausschwärmen; aber auf jeden Fall hat es uns bei der Durchführung der Operation die Mühe erspart, einen Schwarm zu fangen, und jede Gefahr einer Flucht in den Wald verhindert.

Die Vermehrung von Kolonien nach dieser Regel ist eine absolut sichere Methode, sie zu verwalten, allerdings ist es ihnen nicht gestattet, so tief zu schwärmen, dass unbesetzte Waben zurückbleiben, was in den Anmerkungen zu Regel 10 erläutert wird.

# REGEL X.

## Über die Verhinderung der Raubzüge der Motte.

Alle Bestände, die von der Motte befallen sind, machen sich bemerkbar, sobald im Frühjahr warmes Wetter einsetzt, indem sie einige der Würmer auf das untere Brett fallen lassen. Lassen Sie den Imker jeden zweiten Morgen das Bodenbrett reinigen; Streuen Sie gleichzeitig ein oder zwei Löffel frisches, pulverisiertes Salz darüber.

Unmittelbar nachdem in derselben Saison ein zweiter Schwarm aus einem Bienenstock geschlüpft ist, sollte der alte Bestand untersucht werden. und wenn das Schwärmen ihre Zahl so weit reduziert hat, dass unbesetzte Waben zurückbleiben, sollte der Imker die Königin aus dem Schwarm nehmen und sie zum alten Bestand zurückkehren lassen. Falls sie in einer Gruppe bleiben, legen Sie sie in eine Schublade und geben Sie sie sofort zurück.

Dem dritten und vierten Schwarm sollten stets die Königinnen entnommen und die Bienen in den Elternbestand zurückgeführt werden.

## BEMERKUNGEN.

„Dieses Insekt (die Motte) stammt ursprünglich aus Europa, hat aber seinen Weg in dieses Land gefunden und sich hier eingebürgert." – THATCHER.

Dieser unwillkommene Besucher hat die Aufmerksamkeit der erfahrensten Imker unseres Landes und vieler der größten Naturforscher der Welt auf sich gezogen und alle Energien geweckt. Ihre Bewegungen wurden von den Gelehrtesten beobachtet und untersucht – ihre Natur wurde untersucht; Verschiedene Experimente wurden versucht, um ihre Plünderungen zu verhindern; Aber schließlich marschiert das Monster in seinen grellbunten Farben weiter und richtet die größte Verwüstung und Verwüstung an, ohne dass es zu Belästigungen kommt. Ich habe meinen gesamten Bestand seit 1808 mindestens viermal verloren, wie ich jeden Monat vermutet habe. Ich habe alle mir in diesem und anderen Ländern empfohlenen Experimente ausprobiert; aber schließlich konnte ich ihre Verwüstungen nicht verhindern.

Im Jahr 1830 baute ich einen Bienenstock (der inzwischen patentiert wurde), von dem ich annahm, dass er alle Möglichkeiten bieten würde, Bienen auf jede Art und Weise zu bewirtschaften, die ihre Natur zulässt, und gleichzeitig ihre Kultivierung für ihren Besitzer äußerst profitabel machen würde. Indem ich an jeder Seite des Bienenstocks Fenster aus Glas anbrachte, die fast so groß waren wie die Seiten des Bienenstocks, und diese durch schließende Türen an der Außenseite der Fenster verdunkelte, die nach Belieben geöffnet werden konnten, konnte ich viele wichtige Fakten entdecken: sowohl in

Bezug auf die Natur und Wirtschaft der Biene als auch auf ihren Feind, die Motte; aber wahrscheinlich bleibt über beides noch viel zu lernen.

Als die Motte zum ersten Mal vom gewöhnlichen Beobachter entdeckt wurde, war sie ein weißer Wurm oder eine Made mit einem rötlich verkrusteten Kopf, und ihre Größe variiert je nach Leben. Diejenigen, die vollen und unbehelligten Zugang zum Inhalt eines Bienenstocks haben, werden häufig so groß wie eine Truthahnfeder und anderthalb Zoll lang. Andere sind im ausgewachsenen Zustand kaum einen Zentimeter lang. Sie haben sechzehn kurze Beine und verjüngen sich von der Körpermitte zum Kopf und zur Außenseite oder zum Bauch.

Die Würmer wickeln sich wie die Seidenraupe in einen Kokon und verlassen den Ruhezustand (Puppe) ihrer Existenz. Nach ein paar Tagen schlüpfen sie aus ihren seidenen Hüllen in vollkommene geflügelte Insekten oder Müller und sind bald bereit, sich niederzulassen ihre Eier, aus denen eine weitere Ernte gezogen wird.

Der Müller oder die perfekte Motte hat eine gräuliche Farbe und eine Länge von dreiviertel Zoll bis zu einem Zoll. Normalerweise liegen sie tagsüber vollkommen still , mit dem Kopf nach unten, und lauern im und um den Bienenstand herum. Sie betreten den Bienenstock nachts und legen ihre Eier an Orten ab, die nicht abgedeckt sind, natürlich unbewacht von den Bienen. Diese Eier schlüpfen in kurzer Zeit, je nach den Umständen, wahrscheinlich zwischen zwei oder drei Tagen und vier oder fünf Monaten. In einem frühen Stadium ihrer Existenz, als sie noch ein kleiner Wurm sind, spinnen sie ein Netz und bauen ein seidenes Leichentuch oder eine Festung, in die sie sich einhüllen und eine Art Pfad oder Galerie bilden, während sie in ihrem Inneren weitergehen Marsch; Gleichzeitig sind sie in ihrem seidenen Gehäuse, das sich mit zunehmender Größe ausdehnt und nur an der Vorderseite, in der Nähe ihres Kopfes, eine Öffnung aufweist, vollkommen vor den Bienen geschützt, und sie richten die größte Verwüstung und Verwüstung an den Eiern, jungen Bienen und Bienen an alles, was ihnen im Weg in den Weg kommt.

Wenn der Falter seine volle Reife erreicht hat, bereitet er sich darauf vor, zum Müller zu wechseln, indem er sich, wie bereits erklärt, in einen Kokon wickelt. Die Müllerin ist in all ihren Bewegungen überraschend schnell und übertrifft bei weitem die Beweglichkeit der schnellsten Biene, sei es im Flug oder auf den Beinen. Dadurch wird der Feind so furchtbar, dass die Bienen leicht überwältigt werden und ihm bald zur sicheren Beute werden.

Um nun die Übel der Motten zu beseitigen und ihre Verwüstungen zu verhindern und gleichzeitig den Bienen zu ihrem Wohlstand zu verhelfen und sie für ihren Besitzer profitabel zu machen, hielt ich es für notwendig, einen Bienenstock zu verwenden, der sich materiell von dem alten unterscheidet Box und begann mit dem Betrieb in der bereits erwähnten Beute (Vermont-Bienenstock genannt) in einer Reihe von Experimenten, die völlig zufriedenstellende Ergebnisse erbrachten. Aufgrund meiner sechsjährigen Erfahrung in der Anwendung habe ich nicht den geringsten Zweifel daran, dass Bienen optimal bewirtschaftet werden können, ohne jemals durch die Motten erheblich geschädigt zu werden.

Ein Bienenstock sollte handwerklich einwandfrei gebaut sein, sodass keine offenen Fugen vorhanden sind. Die Bretter sollten frei von Erschütterungen und Rissen sein, da die Bienen ihre Behausung vollkommen dicht machen, um Licht und Luft auszuschließen, indem sie alle Stellen, die der Handwerker offen lässt, mit einer Art Mörtel oder Leim verputzen , von ihrer eigenen Art, die weder aus Honig noch aus Wachs besteht, aber dem Wachstum von Würmern in den ersten Stadien ihres *Larvenstadiums* sehr entgegenkommt , und da sie durch das Holz vor den Bienen geschützt sind, sind sie in kurzer Zeit in der Lage, sich zu verteidigen sich selbst durch ein seidenes Leichentuch.

Nun betritt die Müllerin den Bienenstock, sticht mit ihrem Stachel einen Schnitt in den Bienenleim oder Zement und hinterlässt ihre Eier. Dort schlüpfen diese Eier, und die Brut ernährt sich von dem Leim, bis sie so weit zur Reife gelangt ist, dass sie sich in ein seidenes Leichentuch hüllen kann; und dann gehen sie weiter.

Bienen nun nicht gelingt, ihn beim Fressen am Kragen oder im Nacken zu packen und ihn aus seinem Versteck zu zerren, werden sie gezwungen sein, die Waben rund um seinen seidenen Weg oder seine Galerie abzuschneiden Ziehen Sie den Wurm und seine Festung zusammen heraus. Gleichzeitig sind die Bienen gezwungen, die Waben so weit wegzuschneiden, dass viele ihrer jungen Brut vernichtet werden, um Platz für die Beseitigung der Belästigung zu schaffen. Ich habe erlebt, dass sie ihre Kämme von 10 bis 20 oder 20 Zoll abgeschnitten haben, um dieses seidene Leichentuch zu entfernen, und dass sie ihre einzige verbliebene Königin abgeschnitten und herausgezogen haben, bevor sie sich in die perfekte Fliege verwandelt hatte, was den gesamten Verlust verursachte der gesamten Kolonie.

Wiederholte Experimente haben gezeigt, dass das Platzieren von Bienen auf dem Boden oder hoch in der Luft keinen Schutz vor Motten bietet. Ich habe einige meiner besten Schäfte verloren, weil ich sie auf den Boden gelegt habe, während die auf der Bank nicht dadurch verletzt wurden. Ich habe in das Bodenbrett eine Rille gemacht, die viel breiter ist als die Dicke der Bretter des Bienenstocks, und diese mit Lehm gefüllt. Dann habe ich den Bienenstock so darauf gestellt, dass keine Risse oder Lücken entstehen die Würmer; Und doch, als ich den Bienenstock vier Wochen später aufzog, stellte ich fest, dass sie rund um den Bienenstock im Dreck offenbar ausgewachsen waren. Ich habe sie in großer Menge in einem Baum gefunden, der neunzig Fuß über dem Boden liegt.

In der Praxis besteht die beste Methode, den Raub der Motte vorzubeugen, darin, das Bodenbrett so weit unter den unteren Rand des Bienenstocks zu hängen, dass den Bienen während der Mottensaison rundherum freier Ein- und Ausgang ermöglicht wird. oder den gemeinsamen Bienenstock zu erhöhen, indem man an jeder Ecke kleine Blöcke unter ihn legt, was fast den gleichen Effekt erzeugt. Aber ich kenne nur eine Regel, die unfehlbar ist, um ihre Plünderungen zu verhindern, und das ist diese: Halten Sie die Waben gut von Bienen bewacht . Siehe Regel 10.

Große Bienenstöcke, in denen es nie wimmelt, werden nie von der Motte zerstört, es sei denn, sie verlieren ihre Königin, schmelzen ein oder erleiden ein Opfer, das außerhalb der normalen Art ihrer Bewirtschaftung liegt. Sie ärgern sich oft nicht darüber, es sei denn, es sind schlechte Gelenke, Risse oder Erschütterungen vorhanden, die den Würmern einige Verstecke bieten. Der Grund für ihren wohlhabenden Zustand liegt auf der Hand. Der Bestand an Bienen ist so zahlreich, dass ihre Waben während der Mottensaison alle gut bewacht werden, damit keine Müllerin eindringen und ihre Eier ablegen kann.

Bienenstöcke, die so klein sind, dass sie schwärmen können, neigen dazu, ihre Kolonien so klein zu machen, dass die Waben unbewacht bleiben, besonders wenn sie in derselben Jahreszeit drei- oder viermal schwärmen . Alle Schwärme machen sich nach dem ersten auf den Weg, um der Schlacht der Königinnen zu entgehen; Ständig einen größeren Zug erzeugen, im Verhältnis zur verbleibenden Anzahl, bis die Waben teilweise freigelegt sind, was dem Müller freien Zugang zu ihren Rändern gibt . – Die Samen von Raub und Plünderung werden so schnell gesät, vegetieren bald und stärken sich dadurch ihre seidene Festung, bevor die Bienen merken, dass ihre Grenzen überfallen werden. Während die Falter damit beschäftigt sind, ihre Posten an den Grenzen der Bienen zu errichten, sind diese ständig und unermüdlich damit beschäftigt, sich eine andere Königin zu verschaffen, um den Platz der alten zu ersetzen, die mit einem Schwarm abgewandert ist, und junge heranzuziehen Bienen, um ihr reduziertes Volk wieder aufzufüllen. Nachdem die Falter nun den Boden an ihren Grenzen erobert haben, bedarf es einer enormen Anstrengung seitens der Bienen, ihr kleines Volk vor dem völligen Untergang zu bewahren.

Wenn verspätete oder zweite und dritte Schwärme immer sofort zurückgebracht werden, werden die Waben gemäß der Regel so bewacht, dass die Motten gezwungen sind, Abstand zu halten, oder gestochen werden, bevor sie ihre Zwecke erfüllen können.

Bienenstöcke, die so groß sind, dass sie nicht ausschwärmen, können ihre Königin verlieren, und dann werden sie ihre Behausung verlassen und in den angrenzenden Bienenstock auswandern und alle ihre Vorräte ihrem Besitzer überlassen, die die Motten, wenn sie nicht sofort versorgt werden, mit Sicherheit zerstören werden .

Die Motten werden oft beklagt, wenn sie keine Schuld haben. Bienenstöcke werden häufig von ihren Bewohnern infolge des Verlusts ihrer Königin verlassen, ohne dass es irgendein Beobachter bemerkt, und bevor irgendetwas über ihr Schicksal bekannt wird, ist der Bienenstock ohne Bienen und voller Motten.

Im Sommer 1834 hatte einer meiner Nachbarn einen sehr großen Bienenstock, in dem es nie wimmelte, und verlor seine Königin; und im Laufe weniger Tage verließen die Bienen ihre Behausung vollständig und wanderten in einen angrenzenden Bienenstock aus, wobei sie ihre gesamten Vorräte, die sich auf 215 Pfund beliefen, zurückließen. Honig in der Wabe.

Im Bienenstock wurden keine jungen Bienen oder Motten entdeckt. Fälle dieser Art kommen aufgrund von Unaufmerksamkeit häufig vor, und die wahre Ursache ist unbekannt.

Die Königin kann überaltert sein oder während der Brutzeit erkranken, so dass sie unfruchtbar wird. oder sie könnte an Altersschwäche sterben. In beiden Fällen geht die Kolonie verloren, es sei denn, sie wird mit einer anderen Königin versorgt, wie in den Anmerkungen zu Regel 8 erläutert; Denn wenn die Königin aus einem der oben genannten Gründe unfruchtbar wird, werden die Bienen nicht über den Verlust informiert , den sie in Zukunft erleiden werden, bis die Mittel zur Wiedergutmachung für sie außer Reichweite sind. Möglicherweise haben alle Maden die verschiedenen Stadien ihrer Verwandlung hinter sich oder sind zumindest so weit in Richtung des perfekten Insekts fortgeschritten, dass ihre Natur nicht mehr in eine Königin umgewandelt werden kann.

Die Königin ist viel ausdauernder als jede andere Biene und kann ein hohes Alter erreichen. Aber eine Königin lebt längere Zeit im selben Bienenstock. Wenn es mehr als einen gibt, wird der besondere Klang jedes einzelnen, wie in den Anmerkungen zu Regel 2 erklärt , vom anderen gehört, was immer zu einem Kampf zwischen ihnen oder zur Entstehung eines Schwarms im Laufe von ein oder zwei Tagen führt .

Bienen können, wenn sie in einem dunklen Raum im oberen Teil des Hauses oder in einem Nebenhaus untergebracht werden, in kurzer Zeit und mit wenig Aufwand leicht kultiviert werden und sind manchmal für ihren Besitzer profitabel; Da sie aber zum Teil mit denselben Verlusten behaftet sind wie diejenigen, die in Schwarmbienenstöcken gehalten werden, können sie nicht so profitabel sein.

Große Kolonien vergrößern ihren Bestand niemals im Verhältnis zu den ausschwärmenden Kolonien. In einer großen Kolonie gibt es nur ein Weibchen, und sie können bei der Aufzucht junger Bienen kaum mehr tun, als ihren Bestand gut zu halten, indem sie ihn so schnell wieder auffüllen, wie sie absterben oder von den Vögeln, Reptilien und Insekten vernichtet werden, die großartig sind Bewunderer von ihnen und schlucken sie manchmal zu Dutzenden. Wenn es nun erfordert, dass fünf Schwarmvölker die gleiche Anzahl haben wie das zuerst beschriebene, ist es nicht schwer, sich vorzustellen, dass fünfmal so viele Bienen von den Schwarmvölkern großgezogen werden können : Denn eine Königin wird wahrscheinlich genauso viele Eier legen wie eine andere.

Die Schwarmbienenstöcke werden während der Schwarmsaison nicht häufiger durch die Motte zerstört als andere, wenn die Bienenstöcke gemäß Regel 10 gut mit Bienen gefüllt sind.

---

# REGEL XI.

## ÜBER DIE FÜTTERUNG VON BIENEN.

Wenn sich herausstellt, dass ein Schwarm gefüttert werden muss, hängen Sie ihn an den Futterspender, der gut mit gutem Honig gefüllt ist, während das Wetter im Oktober warm ist.

Der Bienenhalter sollte beim Füttern die gleichen Vorsichtsmaßnahmen treffen, wie in Regel 4 beschrieben, um Raubüberfälle zu verhindern.

BEMERKUNGEN.

Die beste Zeit zum Füttern ist der Herbst, bevor es kalt wird. Alle Bienenstöcke sollten gewogen und das Gewicht auf dem Bienenstock vermerkt werden, bevor Bienen darin untergebracht werden. Sobald der Frost die Blüten im Herbst abgetötet hat, kann der Imker dann, indem er einen Vorrat wiegt, eine genaue Schätzung seines Bedarfs abgeben.

Wenn die Bienen im Herbst gefüttert werden, transportieren und deponieren sie ihr Futter so, dass es für sie im Winter bequem ist. Wenn die Fütterung bis zum kalten Wetter vernachlässigt wird, müssen die Bienen in einen warmen Raum oder trockenen Keller gebracht werden, und dann tragen sie ihre Nahrung im Allgemeinen nicht schneller, als sie sie verzehren.

Ein Futtertrog sollte wie eine Kiste mit fünf geschlossenen Seiten gestaltet sein, wobei ein Teil der sechsten Seite offen bleibt, damit die Bienen von ihrem gemeinsamen Eingang auf Bodenhöhe eintreten können, wenn er an der Vorderseite des Bienenstocks befestigt wird. Es sollte ausreichend tief sein, um in einer breiten, mit Honig gefüllten Wabe liegen zu können. Wenn zur Fütterung abgesiebter Honig ohne Waben verwendet wird, sollte ein mit vielen Löchern durchlöcherter Schwimmer über den gesamten Honig in der Kiste oder dem Futterhäuschen gelegt werden, um zu verhindern, dass die Bienen ertrinken; Gleichzeitig sollte dieser Schwimmkörper so dünn sein, dass er den Honig erreichen kann. Es sollte so klein sein, dass es sich genauso schnell beruhigt, wie der Honig von den Bienen entnommen wird. Sobald im Frühjahr warmes Wetter einsetzt, kann der Futterautomat genutzt werden. Kleine Schubladen können nur im Frühling und Sommer zuverlässig als Futterspender dienen , es sei denn, sie werden so warm gehalten, dass der Dampf der Bienen darin nicht gefriert. Es wäre für die Bienen äußerst gefährlich, in eine frostige Schublade einzudringen. Sie werden eher verhungern, als das Experiment zu wagen. Schubladen können ohne Gefahr von Räubern benutzt werden, aber wenn die Zuführung benutzt wird, muss vor Räubern gemäß Regel 4 geschützt werden.

Bei der Herbstfütterung sollte darauf geachtet werden, sie mit gutem Honig zu versorgen, andernfalls kann die Kolonie vor dem Frühjahr durch Krankheiten verloren gehen. Den armen Menschen kann man im Frühjahr Honig geben, wenn sie sich mit Medikamenten versorgen können, die sie nur am besten verstehen.

Aufgelöster Zucker oder Melasse kann im Frühjahr mit einigem Vorteil verwendet werden, sollte jedoch nicht als Ersatz für Honig verwendet werden, wenn dieser erhältlich ist.

Bienen sterben manchmal an Hunger, obwohl sich gleichzeitig reichlich Honig im Bienenstock befindet. Bei kaltem Wetter drängen sie sich in einem kleinen Kompass zusammen, um sich warm zu halten; und dann sammeln sich ihr Atem und Dampf in allen Teilen des Bienenstocks, außer in der Region, in der sie sich befinden, als Frost. Solange das Wetter nicht nachlässt und das Eis auftaut, werden die Bienen gezwungen sein, dort zu bleiben, wo sie sich befinden, bis alle Vorräte in ihrer Reichweite aufgebraucht sind. In einem Winter hatten wir vierundneunzig Tage hintereinander kaltes Wetter, während dieser Zeit konnten sich die Bienen nicht von einem Teil des Bienenstocks zum anderen bewegen. Am dreiundachtzigsten Tag untersuchte ich alle meine Bienenstöcke und am neunzigsten Tag fand ich vier tote Schwärme. Ich habe sofort nach der Ursache gesucht, die wie bereits erwähnt war. Anschließend trug ich alle meine Bienenstöcke in einen warmen Raum und taute sie auf, damit die Bienen umziehen konnten. Einige Bienenstöcke, von denen ich annahm, dass sie tot und wiederbelebt waren; Einige wenige Schwärme, die ich fast ohne Vorräte vorfand, trug ich in den Keller, drehte sie um und schnitt ein paar Waben heraus, um Platz für die mit Honig gefüllten Waben zu schaffen, die als gute Futterspender dienten.

---

# REGEL XII.

## ÜBER ÜBERWINTERENDE BIENEN.

Wenn der Winter naht und die Bienen sich aus den Schubladen zurückgezogen haben und nach unten gegangen sind, setzen Sie einen Schieber ein, nehmen Sie die Schubladen heraus und füllen Sie ihre Plätze mit leeren Schubladen von unten nach oben. Hängen Sie das Bodenbrett mindestens einen Zentimeter unterhalb der Unterkante des Bienenstocks auf und öffnen Sie den Ventilator. – Reinigen Sie das Bodenbrett so oft, wie das Wetter von kalt auf warm wechselt. Schließen Sie keine Türen vor ihnen, es sei denn, sie werden in einem geräumigen Raum und an einem solchen Ort aufbewahrt, dass der Atem und der Dampf der Bienen nicht gefrieren.

## BEMERKUNGEN.

Verschiedene Methoden wurden von verschiedenen Personen praktiziert . Einige haben sie in der Erde vergraben, andere haben sie im Keller, in der Kammer usw. aufbewahrt. An diesem Ort wird nur ein Kurs beobachtet.

# REGEL XIII.

## Über die Übertragung von Schwärmen.

Diese Operation sollte niemals durch Zwang durchgeführt werden .

ERSTE METHODE. Legen Sie die Schublade Nr. 1 in die Kammer des Bienenstocks ein, um sie bereits am 1. Mai zu übertragen. Füllen die Bienen die Schublade, ziehen sie sich aus der unteren Wohnung zurück und überwintern in der Schublade. Sobald die Bienen im Frühjahr reichlich Brot auf ihren Beinen tragen, entfernen Sie die Schublade, die den größten Teil der Bienen enthalten wird, in einen leeren Bienenstock. Entfernen Sie nun den alten Bienenstock ein paar Meter weiter vorne und platzieren Sie den neuen mit der Schublade dort, wo der alte stand. Drehen Sie nun den alten Bienenstock um. Sollten im alten Bienenstock noch Bienen übrig sein, kehren diese bald zurück und übernehmen ihren neuen Lebensraum.

ZWEITE METHODE. Nehmen Sie die Schublade Nr. 1, die von einem beliebigen Bienenstock in derselben Saison gut gefüllt ist, und setzen Sie sie in die Kammer des Bienenstocks ein, um sie im September (besser wäre August) umzustellen. Wenn die Bienen umgesiedelt werden müssen, werden sie in die Schublade zurückgebracht und machen sie zu ihrem Winterquartier. Fahren Sie dann im Frühjahr wie in der ersten Methode beschrieben fort.

## BEMERKUNGEN.

Dieses Management sollte bei jedem Kultivierenden ein tiefes Interesse wecken, sowohl in zeitlicher als auch in moralischer Hinsicht. Zeitlich, weil das Leben aller Bienen erhalten bleibt; moralisch, weil wir Gott gegenüber für alle unsere Taten verantwortlich sind. Wir sind nicht berechtigt, das Leben von Tieren oder Insekten zu nehmen, die nur geliehene Segnungen sind, es sei denn, aus ihrem Tod kann ein Nutzen für den Besitzer entstehen, der die Übel, die ein solches Opfer mit sich bringt, überwiegt. Die Pflicht zwingt mich, mit den schärfsten Worten und Gefühlen gegen die unmenschliche Praxis zu protestieren, den fleißigsten und tröstlichsten Insekten das Leben zu nehmen, um den Bedürfnissen der Menschheitsfamilie durch Feuer und Schwefel gerecht zu werden.

Wenn sich Bienen über mehrere Jahre in einer Wohnung aufhalten, werden die Waben dick und schmutzig, weil sie mit altem Brot und Kokons gefüllt werden, die die jungen Bienen bei der Verwandlung von einer *Larve* in eine perfekte Fliege hergestellt haben.

wehrlosen (Puppen-) Zustand zu überstehen. – Diese Kokons sind sehr dünn und werden von den Bienen nie entfernt. Sie werden immer sofort nach dem Entweichen der jungen Bienen gereinigt, andere werden in den gleichen Zellen aufgezogen. Dadurch wird eine Anzahl Bienen herangezogen, die einen zusätzlichen Kokon hinterlassen , sobald die Verwandlung einer Biene der einer anderen folgt, was häufig im Laufe der Saison geschieht. Nun ziehen sich die Zellen im Laufe einiger Jahre infolge dieser Füllung so zusammen, dass die Bienen nur noch als Zwerge hervorkommen und manchmal aufhören zu schwärmen. Waben werden unbrauchbar, indem sie mit altem Brot gefüllt werden, das nur zur Fütterung junger Bienen verwendet wird. Jährlich wird eine größere Menge dieses Brotes eingelagert, als von ihnen verbraucht wird, und in wenigen Jahren haben sie nur noch wenig Raum, um ihre gewöhnlichen Arbeiten zu verrichten . – Daher muss auf die Notwendigkeit verzichtet werden, sie zu übertragen, oder auf die unmenschliche Todesstrafe nicht dadurch, dass man sie am Hals aufhängt, bis sie tot sind, sondern indem man sie mit Feuer und Schwefel zu Tode foltert.

Für jeden Landwirt ist es selbstverständlich, dass Altbestände übertragen werden sollten. Ich habe sie wiederholt auf die bewährteste Weise mittels eines zu diesem Zweck konstruierten Apparats übertragen; aber die Operation führte später immer zum Verlust der Kolonie oder eines Schwarms, der aus ihnen hervorgegangen wäre. Wenn ein Schwarm umgesiedelt werden muss, setzen Sie im Frühjahr, beispielsweise am 1. Mai, Schublade Nr. 1 in die Kammer ein. Wenn sie die Schublade füllen, soll sie dort bleiben; Wenn sie in einen neuen Bienenstock umziehen müssen, ziehen sie sich aus der unteren Wohnung zurück und machen die Schublade zu ihrem Winterquartier, das so lange bleiben sollte, bis das warme Wetter so weit fortgeschritten ist, dass sie sich Brot leisten können. Anschließend können sie gemäß der Regel in einen leeren Bienenstock gebracht werden. Jetzt enthält die Schublade kein Brot mehr und sollte im alten Vorrat bleiben, bis die Bienen sich mit einer ausreichenden Menge dieses Artikels versorgen können, um ihre jungen Bienen damit zu füttern; denn Brot wird nicht früh genug und nicht in ausreichender Menge gesammelt, um ihre Jungen mit der von der Natur geforderten Menge zu ernähren. Wenn es den Bienen nicht gelingt, die Schublade zu füllen, sollte eine verwendet werden, die von einem anderen Schwarm gefüllt wird.

---

## ALLGEMEINE BEOBACHTUNGEN.

Der Leser hätte erwartet, dass in dieser Arbeit viele Dinge gezeigt werden, die absichtlich weggelassen wurden.

Die Struktur der Arbeiterin ist jedem Bienenbesitzer zu gut bekannt, als dass es einer besonderen Beschreibung bedarf. So auch von der Drohne; und die Königin wurde bereits ausreichend beschrieben, um es jedem zu ermöglichen, sie aus ihren Untertanen auszuwählen. Wenn eine weitere Beschreibung gewünscht wird, kann sich der Beobachter leicht mit Hilfe eines Mikroskops vergewissern . – Jeder Bienenschwarm besteht aus drei Klassen oder Sorten, nämlich: einer Königin oder einem Weibchen, Drohnen oder Männchen und Kastrierten oder Arbeitern. Die Königin ist das einzige Weibchen im Bienenstock und legt alle Eier, aus denen alle jungen Bienen großgezogen werden, um ihr Volk wieder aufzufüllen. Sie besitzt keine Autorität über sie, außer der des Einflusses, der sich aus der Tatsache ergibt, dass sie die Mutter aller Bienen ist; Und da sie wissen, dass sie bei der Fortpflanzung ihrer Art völlig von ihr abhängig sind, behandeln sie sie mit der größten Freundlichkeit, Zärtlichkeit und Ehrfurcht und zeigen jederzeit die aufrichtigste Verbundenheit mit ihr, indem sie sie ernähren und beschützen alle Gefahr.

Die Regierung eines Bienenstocks ist eher republikanisch als jeder andere, weil sie in exakter Übereinstimmung mit ihrer Natur verwaltet wird. Es ist ihr besonderer natürlicher Instinkt, der sie bei all ihren Handlungen antreibt. Die Königin hat nicht mehr mit der Leitung des Bienenstocks zu tun als die anderen Bienen, es sei denn, Einfluss kann als Regierung bezeichnet werden. Wenn sie während der Brutzeit leere Zellen im Bienenstock findet, legt sie dort Eier ab, weil es ihre Natur ist, dies zu tun; und die Natur der Arbeiter veranlasst sie dazu, sich um alle jungen *Larven zu kümmern und* sie zu pflegen, zu arbeiten und Nahrung für ihren Lebensunterhalt zu sammeln, ihre Behausungen zu bewachen und zu schützen und alles in gebührendem Gehorsam und nicht gegenüber den Befehlen der Königin zu tun und auszuführen , sondern ihrem eigenen, besonderen Instinkt.

Bei der Drohne handelt es sich wahrscheinlich um die männliche Biene, obwohl die sexuelle Vereinigung noch nie von einem Mann beobachtet wurde; Dennoch wurden so viele Experimente durchgeführt und Beobachtungen gemacht, dass kaum Zweifel an ihrer Wahrheit bestehen können. Dass der Geschlechtsverkehr hoch in der Luft stattfindet, ist sehr wahrscheinlich aus der Tatsache, dass andere Insekten des Fliegenstamms, wie ich wiederholt gesehen habe, in der Luft, wenn sie sich auf dem Flügel befinden, kopulieren. Dass es sich bei der Drohne um die männliche Biene handelt, ist wahrscheinlich aus der Tatsache, dass die Drohnen nicht alle auf einmal getötet werden; aber mindestens einer in jedem Bienenstock darf noch mehrere Monate nach dem allgemeinen Massaker leben.

Ich untersuchte vier Schwärme, deren Kolonien stark und zahlreich waren, drei Monate nach dem allgemeinen Massaker an den Drohnen, und in drei Bienenstöcken fand ich jeweils eine Drohne; das andere wurde wahrscheinlich übersehen, da die Bienen genauso schnell ins Feuer geworfen wurden, wie sie untersucht wurden. Aber es gibt viele mysteriöse Dinge, die sie betreffen, und vieles könnte zu wenig Zweck geschrieben werden; und da es darauf ausgelegt ist, in den Illustrationen nicht weiter zu gehen, als notwendig ist, um dem Bienenhalter bei der guten Führung zu helfen, wurden viele kleine Spekulationen in dem Werk völlig weggelassen, und der Leser wird auf die Schriften von Thatcher, Bonner und Huber verwiesen, die sind meines Wissens die umfangreichsten und umfangreichsten Autoren über Bienen.

Bienen sind Gewohnheitstiere und daher ist beim Umgang mit ihnen Vorsicht geboten. Ein Bienenbestand sollte dort platziert werden, wo sie die ganze Saison über bleiben sollen, bevor sie Standortgewohnheiten entwickeln, was bald nach Beginn ihrer Arbeit im Frühjahr erfolgen wird . Sie erkennen ihr Zuhause anhand der sie umgebenden Gegenstände in unmittelbarer Nähe des Bienenstocks. Sie zu bewegen (es sei denn, sie gehen über ihr Wissen hinaus) ist für sie oft tödlich. Die alten Bienen vergessen ihren neuen Standort, und bei ihrer Rückkehr, wenn sie Vorräte sammeln, denken sie darüber nach, wo sie früher gestanden haben, und sterben traurigerweise. Ich habe einige schöne Vorräte erlebt, die dadurch ruiniert wurden, dass man sie um sechs Fuß und von dort auf anderthalb Meilen bewegte. Es ist besser, sie vor dem Schwärmen zu bewegen als danach. Nur die alten Bienen gehen verloren. Da die Jungen ständig schlüpfen, werden sich ihre Gewohnheiten am neuen Bestand entwickeln und die Waben werden weniger wahrscheinlich freigelassen, so dass die Motten die Möglichkeit haben, jeden Teil ihres Bodens zu besetzen.

Beim ersten Bienenstock können Schwärme nach Belieben bewegt werden, ohne dass Bienen verloren gehen, vorausgesetzt, dass sie sich alle im Bienenstock befinden. Ihre Gewohnheiten werden im genauen Verhältnis zu ihrer Arbeit geformt . – Die erste Biene, die ihren Sack leert und sich auf die Suche nach Nahrung macht, ist diejenige, deren Gewohnheiten zuerst etabliert werden. Ich habe beobachtet, dass sich viele Bienen in der Nähe der Stelle, an der der Bienenstock stand, versammelten, aber einige Stunden nach dem Bienenstock starben. Wenn nun der Schwarm direkt nach ihnen in den Bienenstand gebracht worden wäre In Bienenstöcken wäre die Anzahl der dort gefundenen Bienen geringer gewesen.

Bienen können zu jeder Jahreszeit nach Belieben bewegt werden, wenn sie mehrere Meilen weit transportiert werden, so dass sie sich außerhalb ihrer Kenntnis des Landes befinden. Sie können lange Reisen zurücklegen, indem sie nur nachts reisen und ihnen die Möglichkeit geben, tagsüber zu arbeiten und Nahrung zu sammeln.

Die Bedeutung dieses Teils des Bienenmanagements ist die einzige Entschuldigung dafür, dass ich mich so lange mit diesem Punkt beschäftigt habe. Ich habe viele erlebt, die durch den Umzug ihrer Bienen, nachdem sie sich in ihrer Arbeit gut eingelebt hatten, schwere Verluste erleiden mussten.

Bienen sollten niemals gereizt werden, unter welchem Vorwand auch immer. Sie sollten mit Aufmerksamkeit und Freundlichkeit behandelt werden. Sie sollten von Vieh und allen anderen Belästigungen ferngehalten werden, damit man sich ihnen jederzeit sicher nähern kann.

Ein Bienenstand sollte so aufgestellt sein, dass das Schwärmen beobachtet werden kann und gleichzeitig die Bienen leicht und in größtmöglicher Menge an Nahrung gelangen können.

Es ist eine allgemeine Praxis, Bienenhäuser entweder nach Osten oder nach Süden zu stellen. Diese Doktrin sollte mit allen anderen Launen gesprengt werden. Bienenstände sollten ebenso wie alle anderen Gebäude so gelegen sein, dass sie für ihren Besitzer bequem sind.

Ich habe sie in alle Himmelsrichtungen gerichtet, kann aber keinen Unterschied in ihrem Wohlstand feststellen.

Junge Schwärme sollten während der Sommersaison so weit wie möglich verstreut sein und einen Abstand von mindestens 2,40 m haben. Sie sollten in einen Rahmen gestellt und so abgedeckt werden, dass Sonne und Wetter vom Bienenstock ferngehalten werden.

Es ist nicht verwunderlich, dass dieser Zweig der ländlichen Wirtschaft infolge der Raubzüge der Motte so stark vernachlässigt wird . – Ungeachtet dessen bin ich zuversichtlich, dass in einigen Teilen unseres Landes das Geschäft mit der Bewirtschaftung von Bienen seit Jahren vollständig aufgegeben wurde Sie können so bewirtschaftet werden, dass sie für ihre Eigentümer im Verhältnis zu dem Kapital, das in ihren Bestand investiert werden muss, profitabler sind als jeder andere Zweig der Landwirtschaft. Sie sind kein steuerpflichtiges Eigentum, es sind auch keine großen Landinvestitionen oder Zäune erforderlich; Es ist auch nicht erforderlich, dass der Besitzer den ganzen Sommer über arbeitet, um ihn im Winter zu versorgen . – Fürsorge ist in der Tat notwendig, aber ein Kind oder eine pensionierte Person kann die meisten Aufgaben eines Imkers erfüllen. Die Spinnweben müssen aus der unmittelbaren Umgebung des Bienenstocks ferngehalten und alle anderen Belästigungen entfernt werden.

Die Bewirtschaftung von Bienen ist eine reizvolle Beschäftigung und kann sowohl in Städten und Dörfern als auch auf dem Land mit größtem Erfolg ausgeübt werden. Es ist eine Quelle großer Belustigung, aber auch von Trost und Gewinn. Sie sammeln Honig und Brot von den meisten Waldbäumen sowie von Gartenblumen, Obstgärten, Wäldern und Feldern; Alle tragen zu ihren Wünschen bei, und ihr Besitzer ist mit dem Geschmack des Ganzen zufrieden. Die süße Mignonette kann nicht genug empfohlen werden. – Diese Pflanze lässt sich leicht mit Bohrern im Garten kultivieren und ist eine der schönsten und reichhaltigsten Blumen der Welt, aus der die Honigbiene ihre Nahrung gewinnen kann.

Der Vermont-Bienenstock ist der einzige, den ich zu großem Vorteil oder Gewinn nutzen kann, und dennoch gibt es einige andere Verbesserungen, die der alten Box weit überlegen sind. Im Sommer 1834 erhielt ich Schwärme und zusätzlichen Honig aus meinem besten Bestand, dreißig Dollar; und von meinem Ärmsten fünfzehn Dollar. Meine frühen Schwärme lieferten zusätzlichen Honig, der im Wert von fünf bis zehn Dollar pro Bienenstock verkauft wurde; und alle späteren Strahlenschwärme, die sich verdoppelt hatten, lagerten eine ausreichende Menge an Nahrung, um sie für den folgenden Winter zu versorgen.

Die Regeln im vorangegangenen Werk mögen in manchen Fällen vielleicht als zu speziell erachtet werden; Dennoch werden sie sich in allen Fällen als sicher und zuverlässig in ihrer Anwendung erweisen, auch wenn es Ausnahmen gibt, wie sie bei allen spezifischen Regeln vorkommen.

---

## ERGÄNZENDE BEMERKUNGEN.

AUF REGEL ZUERST : Die Unterseite des Kammerbodens sollte glatt gehobelt sein; dann mit einem scharfen Kratzer geritzt, damit die Bienen sich festhalten können; Andernfalls könnten sie plötzlich auf das untere Brett fallen, was sie dazu veranlassen könnte, den Bienenstock zu verlassen und in den Wald zu fliehen. Dass das Innere des Bienenstocks glatt gemacht werden sollte, ergibt sich aus der Tatsache, dass der Kamm viel fester an einem glatten Brett haftet als an den kleinen Fasern oder Splittern, die von der Säge zurückbleiben , und weniger dazu neigt, herunterzufallen. Diese Bemerkungen wurden in der Arbeit versehentlich weggelassen.

REGEL ZWEITENS – ZUM SCHWÄRMEN UND BEVORSTEHEN: Die Schubladen sollten so gedreht werden, dass die Bienen zum Zeitpunkt des Beutens hineingelassen werden; es sei denn, der Schwarm ist so klein, dass er in einer Schublade Platz findet.

BEMERKUNGEN: Die Bienen beginnen mit dem Bau von Waben, in denen das gesamte Volk Platz zum Arbeiten hat. Wenn nun alle Bienen in die Schublade gelangen, beginnen sie dort; Natürlich werden sie junge Bienen großziehen und Brot in die Schublade legen. Wenn der Schwarm so groß ist, dass er nicht in der Schublade arbeiten kann, besteht keine Gefahr, sie hereinzulassen. Gleichzeitig kann eine Gefahr bestehen, wenn sie am Betreten gehindert werden, weil sie manchmal aus Platzmangel verschwinden die untere Wohnung. Ich empfehle daher, die Bienen in jedem Fall zum Zeitpunkt des Bienenstocks in die Schubladen zu lassen, außer wenn die Schwärme klein sind, dann sollte die Regel strikt eingehalten werden. Obwohl ich in den letzten acht Jahren Hunderte von Schwärmen geschlüpft habe und keinen einzigen Schwarm durch die Flucht in den Wald verloren habe, höre ich dennoch häufig von Verlusten dieser Art, was diese Bemerkungen notwendig zu machen scheint. Meine Praxis beim Bienenstock besteht darin, die Bienen so schnell wie möglich in den Bienenstock zu bringen, sie an der Bodenplatte aufzuhängen und sie mit dem Knopf vorne zu befestigen, um zu verhindern, dass eine der Bienen entweicht, außer durch das Maul der Bienenstock; Platzieren Sie den Bienenstock sofort dort, wo er die ganze Saison über stehen soll. Lassen Sie das Bodenbrett am dritten Tag nach dem Schwärmen um 3/8 Zoll herunter.

ANMERKUNGEN ZU REGEL 10. – Bei kleinen Schwärmen sollten die Königinnen entfernt und die Bienen in den Elternbestand zurückgebracht werden, damit der alte Bienenstock während der Mottensaison gut mit Bienen gefüllt bleibt. Ebenso um den Verlust des Altbestandes durch Einfrieren im Winter zu vermeiden. Zu starkes Schwärmen führt häufig dazu, dass die alten Bestände im darauffolgenden Winter verloren gehen, weil ihre Zahl so stark zurückgegangen ist, dass die nötige Tierwärme nicht aufrechterhalten werden kann, um sie vor dem Untergang durch Kälte zu schützen. In allen Schwärmen kann es mehr als eine Königin nach der ersten geben [1], denn in allen Fällen, in denen Bienen eine Königin bilden, bilden sie mehrere davon, und wenn zum Zeitpunkt des Schwärmens mehr als eine geschlüpft ist, kommt es in der Verwirrung dazu, dass findet im Bienenstock während des Schwärmens statt, alle geschlüpften Königinnen machen sich mit dem Schwarm auf den Weg; Daher sollte der Bienenmeister bei der Entnahme von Königinnen darauf achten, bis die Bienen beginnen, zum Elternstamm zurückzukehren. Schneiden Sie einen Ast ab und schütteln Sie die Bienen auf einem Tisch, um die Königinnen zu finden.

----

[1]

Große Kolonien verlieren manchmal ihre Königin und legen bekanntermaßen neue nach. In diesem Fall schwärmen sie mehrere Scheffel Bienen aus, um den Konflikt der Königinnen zu vermeiden.